Bibliografische Information der Deutschen Nationalbibliothek:

Die Deutsche Bibliothek verzeichnet diese Publikation in der Deutschen Nationalbibliografie; detaillierte bibliografische Daten sind im Internet über http://dnb.d-nb.de/ abrufbar.

Impressum:

Druck und Bindung: Books on Demand GmbH, Norderstedt Germany
ISBN: 9783346005861

Dieses Buch bei GRIN:

https://www.grin.com/document/494131

Hartmut Birett

28 Augentypen. Schemazeichnungen, physikalische Erläuterungen und Rechnungen

GRIN Verlag

28 Augentypen

Eine Materialsammlung zum dioptischen Apparat (gesammelt bis 1981, ein Nachtrag (9) 1999)

Der dioptische Apparat des menschlichen Auges sollte im Prinzip bekannt sein.
Es ist zu erwarten, daß bei anderen Lebewesen auch andere physikalische Möglichkeiten der Bilderzeugung und Akkommodation anzutreffen sind. Die Organisation der Retina und der höheren Instanzen wird nicht berücksichtigt. Bisher habe ich folgende Varianten gefunden, die hier schematisch dargestellt sind. Um den Fluß der Zusammenstellung nicht zu unterbrechen, sind einige - eher physikalische - Ergänzungen in den Anhang verlegt.

Die Zusammenstellung kann unter folgenden Gesichtspunkten Unterrichtsmaterial abgeben:

Jeweils einige Augentypen eignen sich:
1. als Beispiele für das Zusammenspiel zwischen dem Bau eines Organs, dem Verhalten des Tieres und den speziellen Bedingungen, die vom Biotop vorgegeben sind.
2. als Beispiele dafür, daß mit verschiedenen Bauprinzipien und mit Strukturen unterschiedlicher Herkunft vergleichbare Funktionen erreicht werden.
3. in der Physik als Beispiele für bilderzeugende Einrichtungen, deren Wirkungsweisen physikalisch zu deuten sind.
4. für Aufgaben bei Tests.

Im Biologie-Unterricht kann die physikalische Erörterung relativ summarisch erfolgen. Denn wenn für die Bilderzeugung auch physikalische Gesetzmäßigkeiten erfüllt werden müssen, so ist im Biologie-Unterricht eher der Gesichtspunkt von Bedeutung, daß diese verschiedenen Typen im Verlauf der Evolution entstanden sind.

Das ist **nicht** so zu verstehen, daß aus den hier aufgezählten Augentypen ein Stammbaum der Augen abgeleitet werden könnte!
Aber man kann beim Kennenlernen der Leistungen der verschiedenen Augentypen über die Vielfalt - es gibt vermutlich noch mehr Varianten - staunen.
Natürlich meine ich, daß man in einem Kurs nicht zwei Dutzend Varianten eines Organs systematisch besprechen sollte.

1. Augen mit Akkommodation

1.1. Augen mit elastischer Linse, deren Brennweite verändert wird

(1) Wie beim Menschen wird bei manchen Säugern, bei manchen Schlangen und manchen Eidechsen der Ansatzbereich der Zonulafasern an der Aderhaut von Ciliarmuskeln ringförmig verengt. Dabei werden die Zonulafasern entspannt und die Linse kann sich etwas abkugeln. Das führt zu einer kleineren Brennweite (zu einer größeren Brechkraft), wodurch auch Gegenstände in Augennähe scharf gesehen werden können.
Bei Dilatation des Ciliarmuskels wird auf Grund der Aderhaut-Elastizität die Linse wieder flach gezogen. Die Linsenverformung erfolgt durch Zug. **Abb. 1**

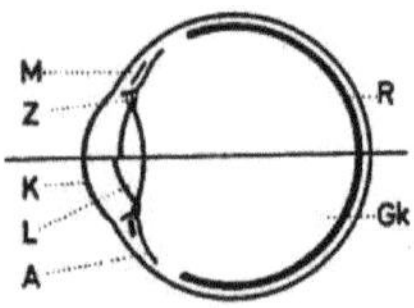

Abb. 1

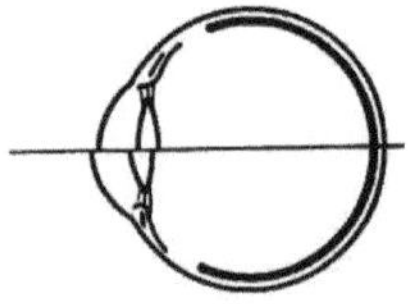
Abb. 2

oben: Ferneinstellung (in Ruhe)
unten: Naheinstellung

Beim Menschen ist das Auge im Ruhezustand um etwa 1 bis 2 dpt (1 m bis 50 cm) akkommodiert, die vegetativ enervierten Zilliarmuskel sind also nicht völlig entspannt.

(2) Bei einigen Baumschlangen (keine Bezeichnung der Systematik, sondern der Lebensweise) wird durch die Kontraktion des Ciliarmuskels der Augapfel im Ansatzbereich der Zonulafasern ringförmig verengt und wegen des abgeschlossenen Flüssigkeitvolumens in Richtung der Sehachse verlängert **Abb. 2.**
Vergleiche auch Beispiel (8).

(3) Bei Schildkröten und Vögeln wird die Linse vom Ciliarmuskel, der mit der Iris verwachsen ist, ringförmig zusammengepreßt. Bei Sumpfschildkröten kann die Brechkraft um ΔD=100 dpt verändert und dadurch die unterschiedliche Brechkraft des Auges in Luft und Wasser ausgeglichen werden **Abb. 3.**
Die Linsenverformung erfolgt durch Druck.

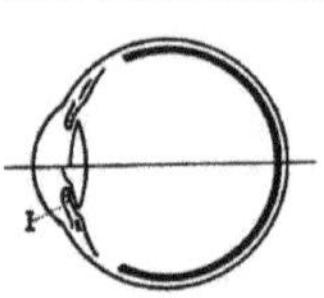
Abb. 3

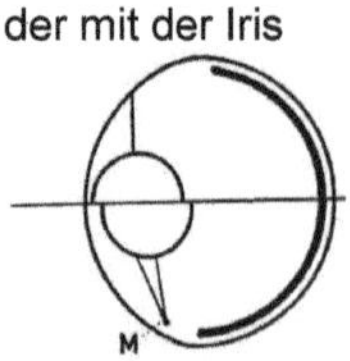

Abb. 4

Bei Wirbeltieren sind die Ciliarmuskeln in der Regel ektodermalen, bei Fröschen und Schlangen jedoch mesodermalen Ursprungs.

Vgl. Anmerkung 1

1.2. **Augen mit unelastischer und kugelförmiger Linse, deren Lage verändert wird**
Mit "unelastische" soll angedeutet werden, daß die Ciliarmuskeln die Linse mehr oder weniger nicht verformen. Freipräpariert erscheint die Linse zwischen den Fingern durchaus noch elastisch.

(4) Bei Knochenfischen wird die Linse von einem nasoventral gelegenen Muskel zur Retina hin gezogen, die Bildweite also verkleinert. Bei Dilatation des Muskels wird die Linse auf Grund der Elastizität der Aderhaut wieder vorgezogen. Bei entspanntem Muskel liegt hier also eine Naheinstellung vor **Abb. 4.**

Bei der angegebenen Deutung wird angenommen, daß die Kornea zur Brechkraft des Auges wenig beiträgt. Unter Wasser ist das auch der Fall, in Luft jedoch erfolgt bei der Verlagerung der Linse zur Kornea hin eine Vergrößerung der Brechkraft, was die Naheinstellung unterstützt.

(5) Bei Haien und Molchen wird die Linse von einem ventral gelegen Muskel **Abb. 5** von der Retina weggezogen. Die Bildweite wird also vergrößert. Dadurch werden auch Gegenstände in Augennähe scharf abgebildet.

(6) Bei Fröschen erfolgt eine gleichartige Veränderung von einem ventral und einem dorsal gelegenen Muskel.**Abb. 6.**

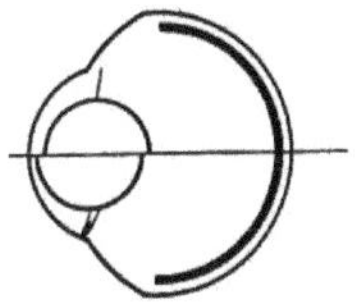

Abb. 5

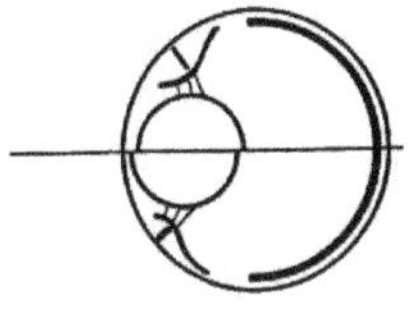

Abb. 6

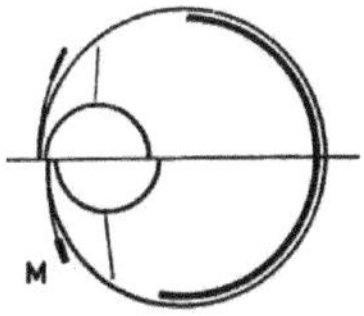

Abb. 7

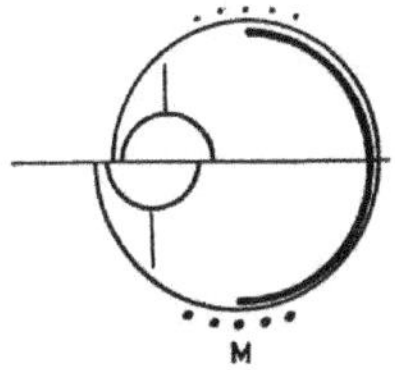

Abb. 8

<u>*Vgl. Anmerkung 2*</u>

1.3. **Augen mit unelastischer und kugelförmiger Linse, bei denen die Augenlänge verändert wird**

(7) Beim Neunauge wird die Kornea und dabei gleichzeitig die Linse von Muskeln zur Retina hin gezogen, die Bildweite also verkleinert. Bei entspanntem Muskel liegt also - wie bei (4)- eine Naheinstellung vor **Abb. 7.**

(8) Bei einigen Schnecken (Aplysia) und einigen Tintenfischen (Sepia) wird das Auge mit Hilfe von Ringmuskeln verlängert und dabei die Bildweite vergrößert **Abb. 8.**

(9) Bei Vanadis (ein einige Zentimeter großer Borstenwurm im Meer) wird der Abstand zwischen Linse und Retina mit Hilfe eines Sekretes verändert **Abb. 9**.
Ich habe keine Angaben dazu gefunden, wie die Änderung der Sekretmenge gesteuert wird und welche Entfernungseinstellung im Ruhezustand vorliegt.
Vergleiche auch (2).

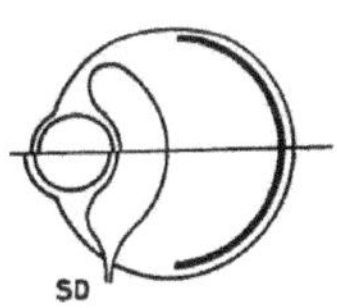

Abb. 9

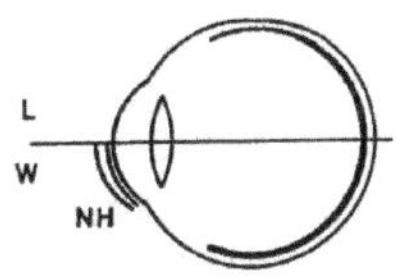

Abb. 10

1.4. **Augen mit "Vorsatzlinsen" oder mit "Nachvergrößerung"**

(10) Bei einigen Wasservögeln wie Alk und einigen Enten ist die Nickhaut durchsichtig und stark gewölbt. Sie wird unter Wasser geschlossen und gleicht den Verlust der Brechkraft der Kornea aus, der sich beim Übergang von Luft ins Wasser ergibt **Abb. 10.**

(11) Beim Albatros, der Schwalbe und Tag-Greifvögeln ist die Fovea im Vergleich zu der des Menschen sehr stark eingesenkt.
Da der Brechungsquotient der Retina höher als der des Glaskörpers ist, werden die Lichtstrahlen aufgefächert und erregen mehr Rezeptoren als bei einer flachen Retina.
Es findet im fovealen Bereich gewissermaßen eine Vergrößerung des zentralen Bildteils statt.

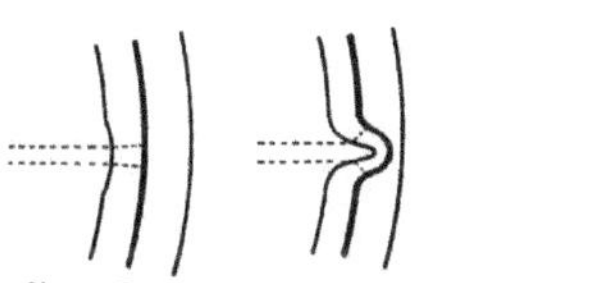

Abb. 11 Mensch, Tag-Greifvogel

2. Augen ohne Akkommodation

2.1. Augen mit unsymmetrischem Abstand zwischen Linse und Retina

(12) Beim Pferd und beim Rochen ist der Abstand zwischen Linse und Retina für etwa horizontal einfallende Lichtstrahlen kürzer als für schräg von unter einfallende.
In der Regel stammen die etwa horizontal einfallenden Lichtstrahlen von weit entfernen Gegenständen, die anderen vom Boden, also aus der Nähe. Beim Rochen (Auge unter Wasser) ist die Linse kugelförmig **Abb. 12.**

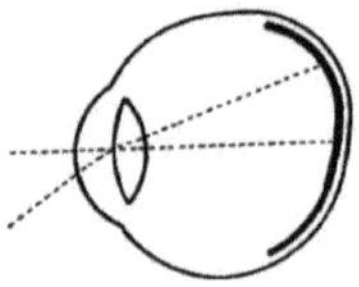

Abb. 12

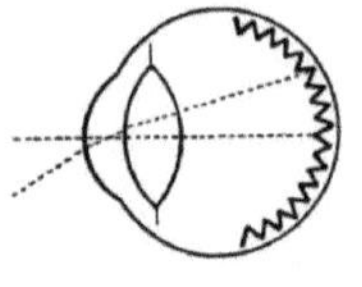

Abb. 13

(13) Bei fliegenden Hunden sind die Rezeptoren in der Retina papillenförmig angeordnet.
Man nimmt an, daß verschieden weit entfernte Gegenstände von verschiedenen Rezeptorenebenen perzipiert werden. Das Gehirn müßte dann die Meldungen der Rezeptoren irgendwie sortieren **Abb. 13.**

<u>*Vgl. Anmerkung 3*</u>

2.2. Augen mit zwei getrennten Retinen

(14) Beim Tiefseefisch Scopelarchus analis sind im Auge eine Haupt-Retina in großer und eine Neben-Retina in geringer Entfernung von der Linse vorhanden.

Die Linse wird zur Haupt-Retina hin verschoben **Abb. 14.**
Bei entspanntem Muskel liegt also - wie bei (4.) - eine Naheinstellung vor.

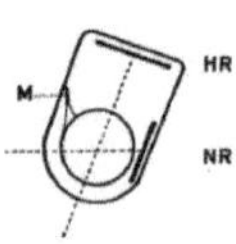

Abb. 14

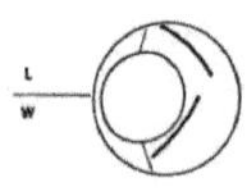

Abb. 15

Abb.16

(15) Bei dem Fisch Anableps tetrophthalmus (ein Kärpfling) sind im Auge zwei Retinen so angeordnet, daß eine zum Sehen in Luft, die andere zum Sehen in Wasser geeignet ist **Abb. 15.**
(Eine Verformung oder Verschiebung der großen Linse ist wohl nicht möglich.)

(16) Ein zweiteiliges Komplexaugenpaar hat z.B. der Taumelkäfer Gyrinus distinctus.
Jeweils das obere Auge befindet sich in der Luft, das untere im Wasser
Abb. 16. Zum Komplexauge vergleiche (24).

2.3. Augen mit großer Schärfentiefe

(17) Bei Seeschlangen ist die Pupille auffallend klein.
Vom Fotografieren her ist sicherlich bekannt, daß beim Abblenden die Schärfentiefe vergrößert wird **Abb. 17.**
Dabei werden die Zerstreuungskreise von verschieden weit entfernten Gegenstands-punkten in der Filmebene kleiner.

Für das Auge bedeutet dies, daß im Idealfall der Durchmesser der Zerstreuungskreise kleiner als der Durchmesser der Rezeptoren wird.

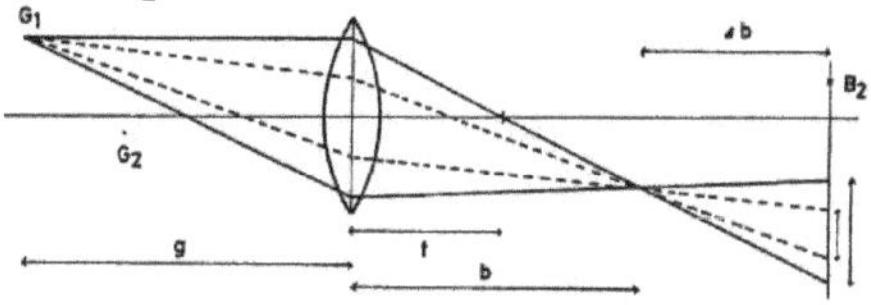

Abb. 17

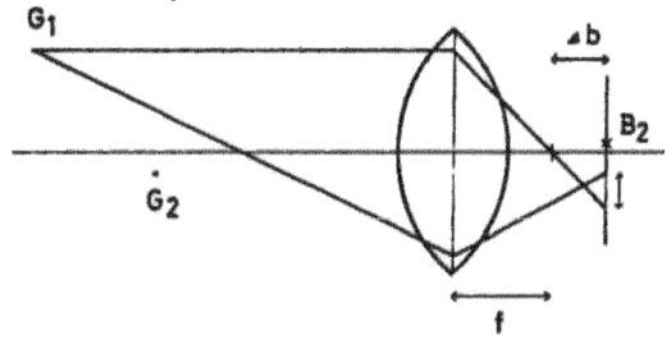

Abb. 18

(18) Bei Spinnen ist die Brennweite der Linse sehr klein.
Vom Fotografieren her ist sicherlich bekannt, daß Objektive mit kleiner Brennweite eine große Schärfentiefe aufweisen **Abb. 18.**
Auch hier werden wieder die Zerstreuungskreise klein.

Für das Auge könnte auch von Bedeutung sein, daß für verschieden weit entfernte Gegenstände die Differenz der Bildweiten so gering wird, daß sie im Bereich der Rezeptorlänge liegt.

<u>*Vgl. Anmerkung 4*</u>

2.4. **Augen ohne Linsen**

(19) Das sekretgefüllte Blasenauge des Tintentisches Nautilus ist mit einer Lochkammera zu vergleichen **Abb. 19.**
Je kleiner der Pupillendurchmesser ist, desto schärfer ist das Bild und zwar unabhängig von der Gegenstandsweite.
Bei einer spaltförmigen Pupille ist das Auflösungsvermögen senkrecht zur Spaltrichtung am größten.

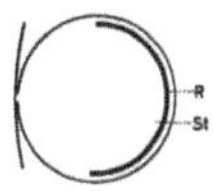

Abb. 19

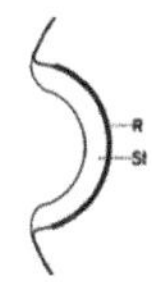

Abb. 20

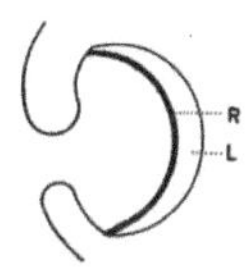

Abb. 21

(20) Bei einigen Schnecken und einigen Würmern findet man Grubenaugen, die in der Regel nur die Bewegungsrichtung von Objekten, nicht aber die Struktur der Objekte auf lösen.
Man kann Becheraugen mit dem Blasenauge vergleichen, wobei aber die Pupille groß gegenüber der Augenlänge ist **Abb. 20.**

(21) Manche nachts jagende Schlangen, z.B. die Grubenotter, haben neben den normalen Augen zwei Grubenaugen mit relativ schmalem Pupillenspalt. Eine dünne Membran, die mit einem Luftpolster von der Körperwärme etwas isoliert ist, enthält Wärmerezeptoren.
Damit "sehen" sie warme Beutetiere auch im Dunkeln **Abb. 21.**
Hierfür wären Linsenaugen weniger geeignet, da die Linse und der Glaskörper Infrarot z.T. absorbieren.

2.5. **Augen mit Spiegeln**

Von Katzen her ist bekannt, daß hinter den Rezeptoren eine lichtreflektierende Schicht (tapetum lucidum) liegt. Dadurch wird Licht, das ohne absorbiert zu werden durch die Rezeptoren gelangte, erneut durch die Rezeptoren geleitet. Die Steigerung der Empfindlichkeit wird mit einer Verringerung der Bildschärfe erkauft. Zur Bildentstehung trägt die Spiegelschicht jedoch nicht bei.

(22) Der etwa einen Zentimeter große Tiefseekrebs Gigantocypris besitzt zwei reflektierende grubenformige Augen **Abb. 22.**

Der Spiegel ist von oben gesehen parabolisch und von der Seite gesehen sphärisch geformt. Es ergeben sich zwei Brennpunkte, in deren Bereich die Rezeptoren liegen.

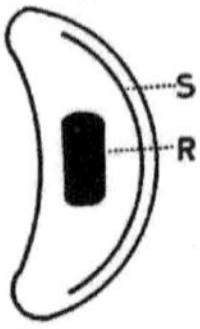

Abb. 22

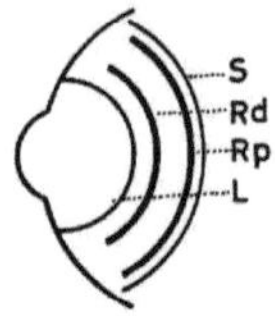

Abb. 23

Das Auge hat kein hohes Auflösungsvermögen, es ist aber sehr lichtstark. Nach der Kennzeichnung eines Fotoobjektives hat es eine Blendenzahl von z = 0,3, wogegen der Mensch Werte zwischen z = 2,5 und z = 8 erreicht.
(Blendenzahl z = Brennweite f geteilt durch Durchmesser d des einfallenden Lichtbündels).

(23) Die Kamm-Muschel hat am Mantelrand einige Dutzend Augen, die eine Linse, einen Spiegel sowie zwei Retinen enthalten. Die Rezeptoren der linsennahen Retina zeigen Aus-Reaktionen (bei Beleuchtung sinkt die Impulsfrequenz). Diese Retina liegt im Bereich der Bildebene des Spiegels. Die Rezeptoren der spiegelnahen Retina zeigen Ein-Reaktionen. Für welches Verhalten die Meldungen dieser Rezeptoren verwendet wird, ist noch nicht bekannt. Es liegen hier nicht - wie in 2.2 - zwei Retinen für verschiedene Entfernungsbereiche vor. Die Linse ist so geformt, daß sie den Öffnungsfehler des sphärischen Spiegel ausgleicht **Abb. 23.**

Vgl. Anmerkung 5

2.6. **Komplexaugen mit Linsensystem, Ommatidien sechseckig**

(24) Bei den Komplexaugen der Insekten und anderer Gliedertiere hängt die Bildauflösung vom Öffnungswinkel der Einzelommatidien ab. Die Pigmentzellen und z.T. das unsymmetrische Brechungsverhalten in den Ommatidien sorgen für eine optische Trennung benachbarter Seheinheiten.
Abb. 24 Appositions-Auge.

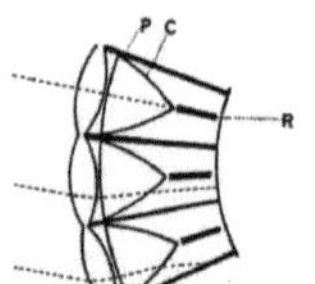

Abb. 24

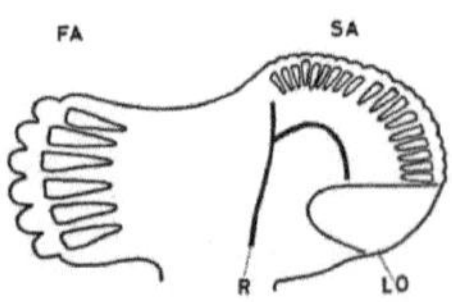

Abb. 25

Eine Entfernungseinstellung ist - wie beim Blasenauge - nicht erforderlich, es ist aber auch entsprechend lichtschwach. Nun findet man aber viel mehr Tiere mit Komplexaugen als mit Blasenaugen, so daß die Vermutung nahe liegt, daß das Komplexauge Vorteile bietet, wobei die folgenden eventuell von Bedeutung sind:
Streuungen an Strukturen innerhalb der Ommatidien und Beugungserscheinungen bei einem sehr kleinen Ommatidiendurchmesser führen wegen der optischen Trennung der Seheinheiten nicht zur Unschärfe. Bei gleichem Sehwinkel kann das

Komplexauge kürzer gebaut sein und bei gleicher Große ein größeres Gesichtsfeld aufweisen.

(25) In verschiedenen Richtungen kann das Komplexauge unterschiedliches Auflösungsvermögen aufweisen. Bei dem etwa zwei Zentimeter großen, garnelenförmigen Tiefseekrebs Stylocheiron longicorne ist diese Differenzierung besonders ausgeprägt **Abb. 25.**

(26) Bei Nachtinsekten werden die Pigmente in den Pigmentzellen bei Dunkelheit zur Kornea hin verlagert.
Auf Grund des speziellen Brechungsverhaltens des Conus (Kristallkegel) entsteht dann ein durch Streuung unscharfes, aber lichtstarkes Bild
Abb. 26 Superpositions-Auge

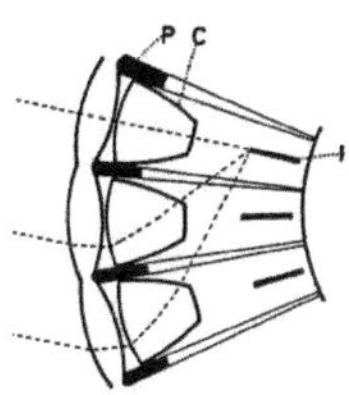

Abb. 26

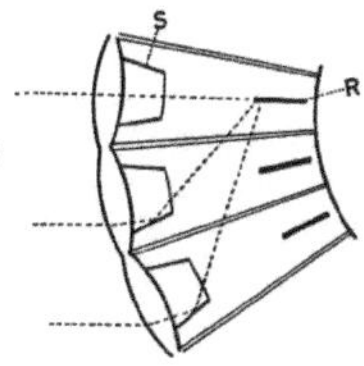

Abb. 27

2.7. **Komplexaugen mit Spiegeln, Ommatidien quadratisch**

(27) Während die Komplexaugen mit Linsen in Aufsicht ein sechseckiges (bienenwabenartiges) Muster zeigen, ist der Ommatidienquerschnitt z.B. beim Hummer quadratisch. Der korneanahe Abschnitt der Ommatidien ist verspiegelt und es entsteht durch Reflektion an den Spiegeln ein Superpositionsbild **Abb. 27.**

3. **Sukzessives Abtasten des Gesichtsfeldes**

(28) Wohl weniger ein Muster, sondern die Lichtrichtung kann das Auge des Kleinkrebses Copilia (ein Copepod) erkennen. Bei ihm wird das von drei Sehzellen gebildete Rhabdom in der Bildebene herum bewegt **Abb. 28.**
Eine Verschiebung und Drehung der Fovea durch Muskeln tritt auch bei Krabben- und Springspinnen auf.

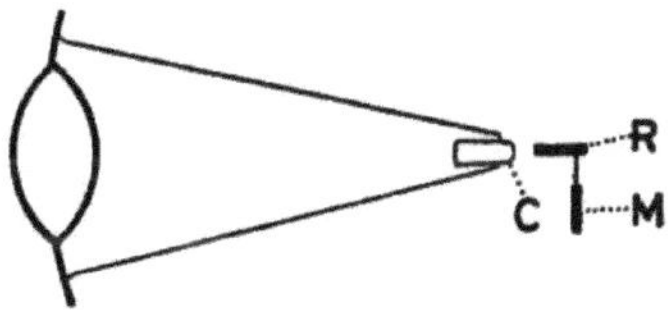

Aber auch der Kopf (Gottesanbeterin) oder das ganze Tier (Wespe) kann seitliche Bewegungen ausführen, so daß eventuell Entfernungen bestimmt oder die Auflösung erhöht werden kann.

(29) Noch gröber dürfte die Richtung des Lichtes z.B. beim Einzeller Euglena viridis festgestellt werden. Er tastet beim rotierenden Schwimmen die Helligkeitsverteilung mit einem lichtempfindlichen Bereich der Geiselbasis, die einseitig von einem Karotinfleck abgeschirmt ist, ab.
Entsprechend können Fliegenmaden beim pendelnden Kriechen die Lichtrichtung ermitteln.
Von einem "Auge" kann man nicht sprechen.

(30) Bei den Ozellen und Stemmata vieler Gliedertiere ist die Zahl der Rezeptoren so gering, daß sie wohl in der Regel nicht der Mustererkennung, sondern zur Bestimmung der Lichtintensität in einer bestimmten Richtung dienen.

4. **Ungerichtete Photorezeptoren**

Photorezeptoren dienen nicht nur dem Erkennen von Formen, Farben, Entfernungen, Bewegungen und der Lichtrichtung, sondern auch einfach nur der Feststellung eines Hell-Dunkel-Wechsels. Er kann -wie der Hautlichtsinn beim Regenwurm oder der

Ameisenassel - das Tier darüber informieren, daß es sich z.B. nicht mehr unter schützendes Laub aufhält.

Der Hell-Dunkel-Wechsel kann Tiere und Pflanzen über die Jahreszeit informieren und eventuell die "innere Uhr" synchronisieren.

5. **Kein Auge**, aber auch interessant

In einem antiquarisch gekauften Zoologiebuch lag eine halbierte Buch- oder Zeitschriftseite mit nebenstehender Abbildung. (Das darüber vorhandene obere und mittlere Teilbild ist hier nicht mit abgebildet.) Auf den ersten Blick hin dachte ich an ein Auge. Es handelt sich aber um ein Leuchtorgan des Tintenfisches Pterygioteuthis maculata.

Vorder- und Rückseite der Blatthälfte (Seite 151/152) ergeben zusammen den Titel: „Prof. Paul Buchner: Das Geh(eimnis) der leuchtenden Tiere“. Die Buchstaben aus der wohl fehlenden Blattmitte (hier in der Klammer) habe ich geraten.

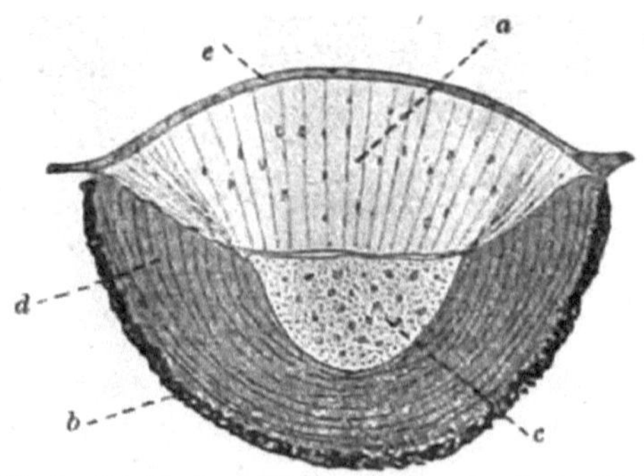

Abb. 3. Schnitte durch die Leuchtorgane der Tintenfiſche. Oben: Rondeletia minor; in der Mitte: Sepiola intermedia und unten: Pterygioteuthis maculata. — a = Linſe. b = Pigmentſchirm. c = Leuchtſubſtanz (Bakterien). d = Lichtſchirm. e = Haut. (Nach Pierantoni und Chun, aus Buchner, Tier und Pflanze in interzellularer Symbioſe.)

a: Linse, b: Pigmentschirm, c: Leuchtsubstanz (Bakterien), d: Lichtschirm, e: Haut.
Abb. 29

Irgendwo habe ich mal gelesen, daß manche Leuchtorgane bei externer Beleuchtung leicht reflektieren. Falls das hier auch so ist, wäre wohl der mit Lichtschirm benannte Abschnitt dafür verantwortlich.

Das Blatt muß alt sein, denn es wird sowohl das „runde s“ (z.B. in „au**s**“) als auch das „lange s = ſ “ (z.B. in „Linſe“) verwendet.

(Dieses lange ſ nahm G.F. Leibniz leicht abgewandelt für die Summe als Integralzeichen. So erzählte es 1960 der Mathe-Professor Wolfgang Franz in Frankfurt.)

Literatur:

Die Beispiele 2, 7, 10, 11, 13, 14, sowie die Angaben zum mesodermalen bzw. ektodermalen Ursprung einiger Ciliarmuskeln stammen aus (2), worin ich mal herumblättern konnte.
Das Buch enthält genaue Beschreibungen zur Anatomie und Entwicklung der Augen vieler Tiergruppen.

Die Beispiele 22, 23 und 27 stammen aus (4), 25 aus (3).
Die Beispiele 5, 6, 12, 15 und 28 habe ich mir während des Studiums ohne Quellenangaben notiert, der Rest
(1, 3, 4, 8, 9, 16, 17, 18, 19, 20, 21, 24 und 26)
ist in verschiedenen Schulbüchern und Lexika - z.B. in (1) - zu finden.

(1) DIETRICH, G. u. F.W. STÖCKER: Fachlexikon ABC Biologie. 3. Aufl. – Thun-Ffm: Deutsch 1973.
(2) ELDER, S.: System of Ophthalmology. Vol.I. The Eye in Evolution.- : Kimpton 1958.
(3) KAESTNER, A.: Lehrbuch der speziellen Zoologie. Teil I. –Jena: G. Fischer 1959.
(4) LAND, M.F.: Tieraugen mit Spiegeloptik.-Spektrum 2.(1979) 36-44.

Alle Strichzeichnungen in Anlehnung an die angegebenen Quellen von mir.

....
Die Beispiele 7, 9, 11, 13, 14, 15, 17, 20, 22, 25, 26 und (Kein Auge, Abb. 29) waren fern vom Unterrichts-Thema. Manchmal waren auch diese Abbildungen - die sich im Laufe der Jahre vermehrten - auf einem Blatt mit enthalten, wurden aber im Unterricht nicht besprochen.
....

Anmerkungen:

(a) Optiker geben die Dioptrien-Werte in der Schrittweite 0,25 dpt an. Das ist genau genug, denn Hornhaut und Linse stellen keine idealen Kugelflächen dar (sphärische Aberration und Astigmatismus) und der Brechungsquotient innerhalb z.B. der Linse ist nicht überall gleich (sogenannte Linsenschichtung). Dazu kommt dann eventuell noch die variable Tränenflüssigkeit.

(b) Als Brechungsquotienten wird in der Regel nur ein Zahlenwert angegeben.
Gegebenenfalls muß man aber berücksichtigen, daß diese Materialeigenschaft auch von der Temperatur (und damit der Dichte) und der Wellenlänge des Lichtes abhängig ist.
Die Temperaturabhängigkeit erkennt man z.B. beim "Flimmern", wenn Licht durch bewegte warme Luft tritt.
Die Wellenabhängigkeit erkennt man z.B. an der Farbaufspaltung beim Prisma.
Näheres zur chromatischen Aberration: ***Vgl. Anmerkung 6***

(c) Per Definition werden die Brechungsquotienten auf den des Vakuums
$n_{Vakuum} = 1$ bezogen.

Der für Luft bei 0° C, Atmosphärendruck und das gelbe Licht einer Natriumlampe beträgt
$n = 1{,}000292$. In der Praxis verwendet man für Luft den Wert $n_{Luft} = 1$.

(d) Für die folgenden Betrachtungen, leihen wir uns vom Brillenoptiker die fünf Formeln (**I** bis **V**).

Anmerkung 1 zu (3):
Zum Vergleich zur aktiven Brechkraftänderung von $\Delta D = 100$ dpt bei der Schildkröte sollen die Werte beim menschlichen Auge dienen.

(a) Die Brechkraft D mit der Einheit Dioptrie ist reziprok zur Brennweite f mit der Einheit Meter:

Formel **I** $D = 1/f$.

Die Brechkraft unseres auf Ferne eingestellten Auges (in Luft, mit dem Brechungsquotient
$n_L = 1$) beträgt z.B. nach Messung eines Optikers $D_{Fern} = 59$ dpt, das entspricht der Brennweite
$f = 0{,}017$ m = 17 mm.
Das Auge hat aber eine größere Innenlänge - also eine größere Bildweite b - und b ist beim Sehen in die Ferne gleich der Brennweite f. Hier liegt kein ein echter Widerspruch vor, denn

(b) der Wert der Brennweite hängt vom Material ab, in dem sich das Licht ausbreitet:

Formel **II** $f_{Luft} / n_{Luft} = f_{Glaskörper} / n_{Glaskörper}$.

Wenn $n_{Glaskörper} = 1{,}336$ der Brechungsquotient des Glaskörpers ist, findet man im Auge:
$f_{Glaskörper} = 1{,}336 \cdot 0{,}017\text{m} = 22{,}7$ mm und $D_{Glaskörper} = 59$ dpt / 1,336 = 44 dpt.
Nun paßt f zur Augeninnenlänge.
(Augen-Optiker sagen auch, daß die auf Luft reduzierte Augenlänge etwa
b = 17 mm beträgt.)

(c) Mit offenen Augen sieht man unter Wasser nur unscharf und verwendet zur Korrektur eine Taucherbrille. Diese besteht "erstaunlicherweise" aus einer Planglasscheibe.
Die Brechkraft einer Grenzfläche hängt von den Brechungsquotienten der beiden benachbarten Medien ab.
An der Grenzfläche Luft-Hornhaut mit dem Radius $r = 7{,}7$ mm und dem Brechungsquotienten der Hornhaut von $n_{Hornhaut} = 1{,}376$ bildet sich fürs Augeninnere die Brechkraft

Formel **III** $D_{LH} = (n_{Hornhaut} - n_{Luft}) / (n_{Glaskörper} \cdot r)$ aus, also

$$D_{LH} = (1{,}376 - 1) / (1{,}336 \cdot 0{,}0077\text{m}) = 36{,}55 \text{ dpt}.$$

Die Taucherbrille stellt also nur die normalen Bedingungen (Luft vor der Hornhaut) wieder her.

Unter Wasser gilt für die Grenzfläche Wasser-Hornhaut
$D_{WH} = (n_{Hornhaut} - n_{Wasser}) / (n_{Wasser} \cdot r) = (1{,}376 - 1{,}333) / (1{,}336 \cdot 0{,}0077\ m)$
$= 4{,}18$ dpt.
Die Brechkraft der vorderen Hornhautfläche sinkt also beim Übergang von Luft ins Wasser um
$\Delta D = 36{,}55$ dpt $- 4{,}18$ dpt $= 32{,}37$ dpt.
(Werte auf den Glaskörper bezogen.)
Kinder können auf einen Nahpunkt von etwa g = 8 cm akkommodieren.
Mit Hilfe der allgemeinen Linsengleichung

Formel **IV** $n_{Glaskörper} / f_{Nah} = n_{Glaskörper} / b + n_{Luft} / g$,

meist geschrieben für drei gleiche n: $1 / f = 1 / b + 1 / g$,

kann man die Änderung der Brechkraft beim Akkommodieren ermitteln. In unserem Auge bleibt die Bildweite b unverändert, also $b = f_{Fern} = 1 / D_{Fern}$.
Eingesetzt:
$n_{Glaskörper} / f_{Nah} = D_{Fern} + 1 / g = D_{Nah}$
$D_{Änderung} = D_{Nah} - D_{Fern} = D_{Fern} - 1 / g_{Nah} - D_{Fern} = 1 / g_{Nah}$

Bei Nahakkommodation auf g = 8 cm ändert sich die Brechkraft also um

$D_{Änderung} = 1 / 0{,}08m = 12{,}5$ dpt in Luft und um

$\Delta D = 12{,}5$ dpt $/ 1{,}336 = 9{,}4$ dpt im Auge.
Da dies deutlich weniger als der oben berechnete Brechkraftverlust von etwa (man müßte eigentlich Formel **V** anwenden) 32,37 dpt ist, können wir auch mit Hilfe maximaler Akkommodation den Brechkraftverlust beim Eintauchen in Wasser nicht ausgleichen, während dies der Schildkröte gelingt.
Wir werden ohne die Luft der Taucherbrille gewissermaßen extrem "weitsichtig" (heute: übersichtig).
Unter Wasser erscheinen Gegenstände vergrößert und etwas näher.

Anmerkung 2 zu (5):
Die Brechkraft eines Linsensystems kann nach der Gullstrandschen Formel berechnet werden. Z.B.:

Formel **V** $D_{ges} = D_{Hornhaut} + D_{Linse} - D_{Hornhaut} \cdot D_{Linse} \cdot d/n$

wobei D_{ges} die Gesamtbrechkraft, $D_{Hornhaut}$ die Brechkraft der Hornhaut, D_{Linse} die der Linse, d der Abstand zwischen beiden brechenden Systemen (mit der Einheit m) und n der Brechungsquotient zwischen den beiden brechenden Systemen ist.
Auch wenn ich keine Angaben der einzelnen Größen angeben kann, ist doch qualitativ zu erkennen:
wenn beim Ziehen der Linse zur Hornhaut hin d kleiner wird, nimmt D_{ges} zu.

An der Formel **V** ist auch zu erkennen, welchen Vorteil die Verwendung der Brechkraft bei Linsensystemen hatte, als es noch keine Taschenrechner gab. Beim Ausprobieren einer Brille setzte der Optiker vor das Auge verschiedene Kombinationen von Linsen, bis der Patient scharf sah. Die Linsen waren mit ihrer

Brechkraft beschriftet und der Optiker mußte nur ihre Werte addieren und erhielt die benötigte Brillenbrechkraft.
Den Subtrahenten in Gleichung **V** konnte er vernachlässigen, da bei seiner Vorgehensweise d - im Vergleich zu den Brennweiten - klein ist.

Anmerkung 3 zu (12):
Zur Orientierung soll wieder mit unserem Auge verglichen werden. Nehmen wir an, daß die Brechkraft D = 59 dpt beträgt. Mit Hilfe der Linsenformel kann dann die Bildweite für verschieden weit entfernte Gegenstandspunkte berechnet werden.
Mit **IV** erhält man

$n_{Luft}/f = n_{Luft}/g + n_{Glaskörper}/b$ oder $1/b = (1/f - 1/g)\ 1/n_A$.

Also $b = (n_{Glaskörper} \cdot g \cdot f) / (g - f)$.

Für g = 0,2 m errechnet man

$b = (1{,}336 \cdot 0{,}2\ m \cdot 1/59\ m) / (0{,}2\ m - 1/59\ m) = 0{,}0247\ m$.

Für g = 10 m errechnet man b = 0,0227 m
Die Differenz der Bildebenen 24,7 mm - 22,7 mm = 2 mm.
Der Augendurchmesser beim Flughund beträgt nur etwa d = 10 mm (Mensch etwa 24 mm). Wenn man annimmt, daß sich die Brennweite proportional zur Augenlänge auf f = 7 mm verringert, erhält man eine Differenz der Bildeben von h = 0,3 mm. Vielleicht entspricht dies der Papillenhöhe. Ich habe leider nicht in Erinnerung, ob in (2) die Papillenhöhe angegeben ist.

Anmerkung 4 zu (18):
Für Springspinnen ist in (3) für die Hauptaugen die Brennweite
f = 0,77 mm angegeben.
Den Nah- und Fernpunkt will ich aus einer Verhaltensbeobachtung erschließen. Eine Springspinne folgte einer fliegengroßen Attrappe in d = 15 cm Entfernung und sprang in d = 1 cm Entfernung eine Fruchtfliege an. Diese Werte will ich als Fern- und Nahpunkt ansehen.
Wie in Anmerkung 3 kann man mit diesen Werten die Differenz der Bildweiten errechnen und erhält
$\Delta b = 0{,}085$ mm (Annahme: wie bei uns ist $n_{Auge} = 1{,}336$).
Nach einer Abb. in (3) beträgt die Rezeptorlänge etwa l = 0,03 mm. Beide Werte liegen in der gleichen Größenordnung.
Geht man davon aus, daß der Nahpunkt bei g = 1 cm liegt und sich die Bildebene in den Rezeptoren um
$\Delta b = 0{,}03$ mm verlagern darf, so errechnet man als Fernpunkt etwa g = 7,5 cm.

Anmerkung 5 zu (23):
Nach den Angaben in (4) beträgt die Brennweite der Linse etwa 1,5 mm, ihr Brennpunkt liegt außerhalb des Auges. Spiegel und Linse zusammen liefern einen Brennpunkt etwa f = 0,155 mm vor dem Spiegel, d.h. in der distalen (linsennahen) Retina.
Für einen g = 1 cm entfernten Gegenstand liegt die Bildebene bei b = 0,157 mm, also auch in der distalen Retina.

Die proximale Retina ist mehr als l = 0,05 mm davon entfernt. Die proximale Retina muß demnach eine andere Funktion haben.

Anmerkung 6

Chromatische Aberration (Nur a, b, c und f mit Schüler/innen erörtert, wenn z.B. nur ein halbes Dutzend anwesend war und es dann gerade zum Thema paßte.)

a) Bei unserem Auge im Ruhezustand beträgt
die (auf Luft reduzierte) Brechkraft:
für gelbes Na-Licht mit λ = 589 nm etwa D = 58,64 dpt, also f = 17 mm,
für blaues Licht mit λ = 431 nm etwa D = 59,71 dpt, also f = 16,8 mm und
für rotes Licht mit λ = 687 nm etwa D = 58,3 dpt, also f = 17,2 mm.

D = 59 dpt oder f = 17 mm wird oft als Durchschnittswert angegeben.
Die Brennpunkte für rotes und blaues Licht sind somit bei der Ferneinstellung etwa 0,4 mm voneinander entfernt. Von Luft (n = 1) in den Glaskörper (n = 1,336) umgerechnet sind das etwa 0,54 mm.
In (8) steht: etwa 0,6 mm.
Demgegenüber beträgt die Zapfenlänge nur etwa 0,1 mm.
(Werte nach (6); ähnliche Werte bei (5) in Abb.18).
b) Ein Rechenversuch hierzu:
Wenn die (nach (6)) auf gelbes Licht bezogenen angegebenen Brechkraft-Werte stimmen, müßte man entweder
. für blaues Licht kurzsichtig (myopisch) und
. für rotes Licht weitsichtig (hypermetropisch) sein oder
. man geht von einer (auf Luft reduzierten) Augenlänge von etwas weniger als 16,8 mm aus, wobei dann das Auge für alle Farben weitsichtig wäre
. oder die Beschreibung ist so nicht erschöpfend.

c) Beobachtungen zur chromatischen Aberration:
Bei einem mit Eosin und Methylenblau angefärbten Präparat sind z.B. die blauen Kernstrukturen und die roten Zytoplasmastrukturen nicht gleichzeitig genau scharf, wenn das Mikroskop-Objektiv noch kein Achromat (für Rot und Blau korrigiert) oder Apochromat (allgemein farbkorrigiert) ist. Falls nur farbkorrigierte Objektive vorhanden sind: ein kleines und billiges "Kindermikroskop" (Objektiv-Gewinde-durchmesser etwa 1 cm) zeigt den Effekt. Bei einer Schwarzweißgrenze im Präparat treten entsprechend Farben auf. Auch wir müßten demnach z.B. an einer Schwarz-weißgrenze eine chromatische Aberration wahrnehmen, was aber nicht der Fall ist.

d) Z.B. an einem Kirchen-Fenster mit blauen und roten Teilen nehmen wir die blauen als weiter entfernt wahr.
Schülerinnen erzählten (um 1973), daß sie dies schon im Kunstunterricht gehört hatten. Die Lehrerin (OStR'in Johanna Wamser, Helene Lange Gymnasium, Höchst) hatte dazu erzählt, daß (vermutlich) einige Menschen die Tiefendifferenz nicht bemerken. Sie wußte leider nichts Genaueres, außer, daß sie dies bei einer Fortbildung so gehört hatte.

Ein Rechenversuch hierzu:
Mit den beiden **Annahmen**,
daß die Bildweite b = 16,8 mm beträgt und
die Brechkraft-Differenz mit 1,41 auch bei der Akkommodation konstant bleibt,
gilt rein rechnerisch:
eine g = 25 m entfernter rote Schrift erfordert eine Brechkraft von
D_{Rot} = 1/0,0168 m + 1/25 m = 59,56 dpt.
Dann wäre D_{Blau} = D_{Rot} + 1,41 dpt = 60,97 dpt und damit g für einen gleichzeitig scharf gesehenen blauen Gegenstand
60,97 dpt = 1/0,0168 m + 1/g. Also g = 0,79 m.
(Oder g_{Rot} = 3 m und g_{Blau} = 0,57 m, bzw. g_{Rot} = 0,3 m und g_{Blau} = 0,21 m.)
Diese großen Distanzen passen deutlich nicht zu eigenen Beobachtungen.

e) In (6) steht, daß manche rot vor blau, andere blau vor rot und manche keinen farbenstereoskopischen Effekt sehen. Außerdem kehre sich der Effekt um, wenn der Hintergrund von Weiß nach Schwarz gewechselt wird. Zur Deutung wird in (6) angegeben, daß dafür der Stiles-Crawford-Effekt verantwortlich sei.
Bei diesem Effekt geht es darum, daß die Rezeptoren wie Lichtleiter (Lichtwellenleiter) wirken, sich je nach Abmessung der Zellen wellenlängenabhängige Moden-Effekte (ungleiche Energieverteilungen im Lichtwellenleiter) ausbilden (ist keine Schulphysik), in der Netzhaut nicht alle Zapfen die gleiche Orientierung und Größe haben und dabei außerdem individuelle Streuungen anzutreffen sind.
f) In (7) wird angegeben, daß man nachts eine weit entfernten blauen Kobaltlampe z.B. der Eisenbahn als purpurfarbigen Punkt einmal mit blauem, ein andermal mit rotem Saum sieht.
Als Schulversuch deckt man ein (rot und violett durchlässiges) blaues Kobaltglas (oder den Schott-Filter: BG1) mit einer kleinen Lochblende (Öffnungsdurchmesser z.B. 2 mm) ab und betrachtet eine z.B. 2 m entfernte Glühbirne. Man fixiert aber nicht den Glühdraht, sondern z.B. den Lampenrand links vom Draht. Dann sieht man den Glühdraht links blau und recht rot. Fixiert man den rechten Lampenrand, so sieht man den Glühdraht links rot und rechts blau.
Ohne Lochblende ist der Effekt nicht so deutlich zu erkennen.
Ein vereinfachter Strahlengang zeigt, daß das blaue Licht näher beim Fixpunkt die Retina trifft.

g) In (7) wird angegeben, daß wir beim normalen Sehen die physikalisch auf der Netzhaut vorhandene chromatische Aberration wegrechen, diese Korrektur aber z.B. beim Versuch mit dem Kobaltglas - vgl. (f) - bei Dunkelheit nicht erfolgt.
Man sieht: eine Deutung des stereochromatische Effektes, die beim einfachen Mikroskop genügt, reicht im Auge nicht aus, da z.B. die Abmessungen der Rezeptoren in der Größenordnung der relevanten Wellenlängen liegen und über Korrekturrechnungen noch zu forschen ist.

Nachtrag 1999:
In (9) wird angegeben, daß die optische Achse nicht immer - so wie in der Abb. - nasal von der Fovea die Retina trifft, sondern bei manchen Menschen temporal. Diese nehmen dann rot ferner als blau wahr.
Dazu wird in (7) und (9) vermutet, daß die Abweichung der optischen Achse von der Sehachse kein "evolutionärer Fehler" sei, sondern daß so Tieren mit zapfenlosen Augen mit Hilfe der chromatischen Stereoskopie aus der Wahrnehmung der "Raumtiefe" auf Farbunterschiede schließen können.

h) Die "krummen" Werte der Wellenlängen in (a) stammen von den Frauenhoferschen Linien des Sonnenspektrums:
λ = 687 nm entspricht der roten B-Linie (vom Sauerstoff),
λ = 589 nm entspricht der gelben D-Linie (vom Natrium) und
λ = 431 nm entspricht der blauen G-Linie (vom Eisen).

Literatur:

(5) Bornschein, H. und H. Schober: Die Entstehung des Netzhautbildes. In: Gauer - Kramer - Jung: Physiologie des Menschen, Bd. 13, Sehen - München 1978
(6) von Campenhausen, Christoph: Die Sinne des Menschen –Stuttgart, Thieme, 1981
(7) Hajos, A.: Die optischen Fehler des Auges - eine zusätzliche Informationsquelle? Umschau in Wissenschaft und Technik, 1964, 64. Jg. Heft 16, S. 491 - 496.
(8) Rein - Schneider: Physiologie des Menschen - Berlin, Springer 1966.
(9) Wolf, R.: Farbcodiertes 3D-Sehen - Experimente mit der "ChromaDepth"-Brille – Biologie in unserer Zeit, 1999, Heft 4, S. 200 - 207.

Nachtrag Abbildungsnachweis
Seite 8 Quelle unbekannt. Titel des Artikels in einer Zeitschrift oder Titel eines Kapitels in einem Buch vermutlich:
Paul Buchner: Das Geheimnis der leuchtenden Tiere.

Alle anderen Abbildungen sind eigene Schema-Zeichnungen.